SOCIÉTÉ IMPÉRIALE D'HORTICULTURE DE PARIS
ET CENTRALE DE FRANCE.

SUITE

DU

VOYAGE HORTICOLE DANS LE NORD DE L'EUROPE

FAIT EN 1851 ET EN 1852

PAR M. E. MASSON,

CHEVALIER DE LA LÉGION D'HONNEUR,
JARDINIER EN CHEF DE LA SOCIÉTÉ IMPÉRIALE D'HORTICULTURE DE FRANCE,
EX-JARDINIER EN CHEF DE L'INSTITUT IMPÉRIAL AGRONOMIQUE DE GRIGNON,
MEMBRE CORRESPONDANT DE LA SOCIÉTÉ IMPÉRIALE ÉCONOMIQUE
DE SAINT-PÉTERSBOURG, ETC., ETC.

DOMAINE DU PRINCE NICOLAS GALITZINE,

A BLACHERNE, PRÈS MOSCOU.

Ce domaine, rapproché de la route de Kasan, à 12 kilomètres de Moscou, est, sans contredit, une des plus belles campagnes particulières des alentours. Sans parler des sommes énormes qu'elle a absorbées, il n'a pas fallu moins de trente ans de travaux artistiques pour en faire ce qu'elle est aujourd'hui.

Dans le principe, elle dut sa création à une fantaisie du prince ; il n'en est pas moins vrai que le caprice qui a présidé à sa distribution primitive, tout en s'éloignant des lois d'une parfaite régularité, a cependant obtenu de fort heureux et de fort beaux résultats. Pour faire apprécier son étendue, qu'il me suffise de dire que les parcs et jardins renferment des allées de 14 verstes, 4 lieues de longueur.

L'entrée d'honneur est une large porte en fer doré surmontée d'un arc formant chapiteau, dans le milieu duquel sont placées les armes du prince ; elle fait face au palais, où conduit une allée de 50 mètres de large, dite *avenue de Moscou*.

Cette avenue est bordée de deux larges bandes de gazon qui séparent le chemin des équipages de celui des piétons ; les abords sont des plus gracieux. Sur un terrain légèrement incliné et tapissé de graminées se déploient de nombreux bouquets d'arbres et d'arbrisseaux formant un ravissant amphithéâtre naturel de verdure.

Le palais, en forme de fer à cheval, est très-heureusement situé sur la portion culminante du terrain, et de loin, lorsque l'on jette un regard sur l'ensemble des constructions qui en dépendent, l'on croirait découvrir l'entrée d'une belle ville.

Tous les principaux points de vue de cette terre présentent d'élégantes constructions usuelles et de style pittoresque. Sur le point le plus aéré on découvre l'hôpital, exclusivement consacré aux nombreux (quatre cents) employés de la seigneurie.

De la seconde façade du palais on découvre les pièces d'eau et le jardin dit *anglais*, d'un aspect enchanteur. C'est de ce côté surtout qu'un long et pénible travail s'est ingénié à créer le plus beau panorama qu'on puisse voir. Le sol, d'abord informe, cédant à la main puissante de l'homme, s'est tapissé de gazons verdoyants.

Les arbres, de mille espèces, grands et petits, se sont groupés en massifs touffus remplis d'élégance.

De gracieuses allées embrassent et contournent, dans leur vaste circuit, des collections de fleurs aussi variées qu'attrayantes. Des cours d'eau, larges autant que limpides, sont sillonnés par une jolie flottille dont les pavillons ondulent sous le souffle du vent.

Le principal cours d'eau, suivi d'allées encadrées de filets de gazon, sépare des bois le jardin d'agrément, traversé par des allées sinueuses. Ces deux parties sont réunies par des ponts en fil de fer jetés d'une rive à l'autre.

Du belvédère du palais, le regard se repose sur un arc de triomphe très-large et très-élevé, porté par sept arcades à travers lesquelles on découvre les habitations champêtres de la seigneurie, ainsi que les vastes terrains en culture. Ce monument porte le nom de *Gloriette*.

Dans une partie du parc est la grande métairie demi-circulaire, logeant tous les animaux domestiques du domaine. Plus loin, l'un des vastes cours d'eau fait mouvoir le moulin, d'un goût quelque peu bizarre.

En suivant les bords de la rivière, on rencontre des fourrés qui renferment des salles de bain élégantes, gracieuses et commodes tout à la fois.

La partie la plus apparente du domaine est occupée par un très-grand monument en bronze dont l'érection a pour but de rappeler que la terre de *Blacherne* a eu l'honneur de donner l'hospitalité à l'impératrice Marie.

Dans un îlot ombragé par de gros Bouleaux à branches pendantes s'élève un beau chalet suisse construit et historié avec d'énormes piles de Bouleaux superposés. Les auteurs de ce chalet ont assez bien réussi à lui donner un faux aspect de marbre blanc en n'y mettant que du bois dont l'écorce avait tout l'éclat de sa couleur naturelle. Deux ponts faits d'un bois de même essence et de pareille couleur y conduisent.

On ne trouve guère, chez de simples particuliers, quelque chose d'aussi grandiose que ce merveilleux ensemble de vastes jardins réunissant à la fois la variété du style, les heureux accidents du terrain, offrant des milliers de plantes vivaces et annuelles, des myriades d'arbres et d'arbustes artistement groupés dont l'aspect dissimule ou laisse à peine deviner tout ce qu'il a fallu de puissants efforts pour dompter la nature et la forcer à revêtir les apparences gracieuses qu'elle peut présenter dans les plus heureux climats.

Les constructions isolées que nous venons de citer, et qui contribuent toutes, plus ou moins, à l'embellissement général, sont parfois reliées entre elles au moyen de longues allées ombragées par le couvert d'une belle verdure. Celle qui a surtout fixé notre attention offre, dans une longueur de plusieurs kilomètres, deux rangées parallèles de Saules d'une grosseur prodigieuse.

Les serres sont vastes à ce point que, si elles étaient contiguës, elles formeraient une longueur de 2 kilomètres. La grande orangerie vitrée, sur la façade du midi et faisant face à un beau cours d'eau, contient des spécimens de plantes remarquables. Les plantes de la Nouvelle-Hollande, par exemple, y sont représentées par des sujets de taille surprenante.

Les Orangers, quoiqu'en petit nombre, méritent aussi d'être signalés. Mais, ce qui nous a surtout étonné, c'est un *Magnolia gran diflora* dont les racines étaient logées dans une grande cuve et qui dépassait en hauteur tout ce qu'il nous a été donné de voir en ce genre.

La grande serre aux arbres fruitiers mesure 150 mètres de longueur. Le mur du nord est très-épais; la toiture est courbée; la façade du midi laisse pénétrer la lumière par des châssis de la hauteur des arbres fruitiers qu'elle renferme. Mille grands Poiriers ou Pruniers, cultivés dans des caisses de 1 mètre à 1^m,20 de diamètre, sont mis à l'abri pendant huit mois de l'année. Ces arbres ont environ 1^m,50 de tige grosse comme la jambe; ils sont soumis au même traitement que ceux de nos vergers. Lorsque les racines sont trop étroitement logées ou que la terre commence à s'épuiser, le décaissage se fait pendant que la séve est au repos. La terre employée à cet effet est la même que pour les Orangers.

La réunion de ces mille grands Poiriers cultivés en caisse m'a d'autant plus intéressé que la plus grande partie avait des fruits. Il est vrai que ces fruits sont un peu moins gros que ceux de nos arbres soumis à la taille; mais, pour des arbres dont les racines sont constamment à l'étroit et qui ne respirent que quatre mois l'air naturel, c'est encore un très-beau résultat.

Deux autres serres, chacune de 100 mètres de longueur, 12 de large et 6 de hauteur, contenaient l'une trois rangées de Poiriers mi-tiges, l'autre trois de Cerisiers plantés en pleine terre. Ces arbres, dont les branches atteignent déjà le sommet de la serre, se chargent de fruits chaque année. Les murs du nord sont construits en grosses poutres. La toiture est à deux pentes, et les châssis sont maintenus par une ligne de colonnes en bois. La façade du midi, légèrement inclinée, est en châssis mobiles supportés par des soubassements dont la hauteur est au-dessous de celle des tiges. Les châssis sont doubles pendant l'hiver; mais, aussitôt que la température se radoucit, on enlève le premier, et à la fin de mai, époque à laquelle la végétation commence, on enlève le deuxième, de sorte que les arbres se trouvent en plein air. Alors la végétation, le développement et la maturité se font comme sous notre climat.

Les serres à espaliers de Pêchers sont immenses; elles ont plus de 200 mètres de longueur. Celles-ci, hautes de 18 à 20 pieds, sont à une seule pente brisée. Sur les serres à Pêchers, les châssis de printemps restent tout l'été; on n'enlève que le double châssis d'hiver. Les Pêchers sont plantés, en pleine terre, dans une plate-bande longitudinale qui occupe le milieu de la serre. Cette plate-bande est bordée de pierres, afin de maintenir l'eau d'arrosement.

A 2 mètres du verre se trouve l'espalier, fixé à un fort treillage qui suit la pente des châssis de manière que toute la charpente des arbres se trouve, sur tous les points, à la même distance du verre qui procure la somme de lumière nécessaire. Cet espalier, composé de Pêchers, Abricotiers et Pruniers, bien qu'il compte déjà plus de vingt ans, est encore rempli de vigueur. Un bon nombre d'arbres formés en éventail mesurent 55 à 40 pieds de développement. Ils sont presque tous dégarnis de la base ; mais aussi, en revanche, les deux tiers de la hauteur se couvrent de fruits chaque année, et plusieurs jardiniers russes m'ont assuré que ces Pêchers ne produisaient des fruits que dans les parties élevées. Aussi, les premières années, taillent-ils très-long. Il faut l'avouer, la taille est encore dans l'enfance chez eux ; aussi trouve-t-on peu d'arbres formés par principe, et ceci se comprendra mieux lorsqu'on saura que le pincement est peu connu ou pas connu.

Nous terminerons en disant que ce domaine horticole possède, outre les immenses serres garnies d'arbres fruitiers, une autre série de logements vitrés, peuplés d'innombrables végétaux de toute provenance, où les *Camellia*, *Azalea*, *Rhododendrum* et plantes de serre chaude se font remarquer en quantité et en force peu communes.

Tout ce que je viens d'énumérer ne saurait donner qu'une idée bien imparfaite de ce magnifique domaine, dont ma description n'est qu'une esquisse. Aussi le prince me disait-il en me remettant l'album que j'ai l'honneur de présenter à la Société : Ce jardin me coûte quarante ans de travail.

SITUATION CULTURALE DE MOSCOU;

PAR M. MASSON.

L'antique capitale de toutes les Russies n'a pas moins de 48 kilomètres de tour; elle occupe un espace d'à peu près 16,000 hectares : près du tiers de sa superficie est en culture, et consiste en jardins d'agrément, en jardins potagers, en vergers de Pommiers et en prairies. Les différents quartiers de la ville s'appellent ville du Kremlin, ville Blanche, ville Chinoise, ville de Terre. Tous ces quartiers sont plus ou moins baignés par la petite rivière de la Moskowa, dont les eaux sinueuses traversent, en serpentant, leur vaste enceinte. Sur les bords de la rivière, à l'entrée et à la sortie de Moscou, s'élèvent de belles maisons de campagne, parsemées de bosquets et ombragées d'une verdure touffue qui, parfois, se déploie sur un sol heureusement accidenté ; ces élégantes villas, qui couronnent les bords de la rivière, offrent un coup d'œil ravissant dans la belle saison.

Moscou est bâti sur un terrain argilo-siliceux, beaucoup plus fertile que le sol de Saint-Pétersbourg; aussi l'ancienne capitale prime de beaucoup la nouvelle par ses produits maraîchers et la richesse de ses essences ligneuses soit dans les forêts, soit dans les jardins d'agrément.

Jardins de plaisir.

Le principal et le plus fréquenté des jardins de plaisir de la vieille capitale est celui que l'on nomme *jardin d'Alexandre*, et

qui longe une des façades du Kremlin ; ce jardin remplace aujourd'hui les anciens fossés dont ce palais était environné. Il est tracé
dans le style des jardins anglais d'agrément, et légèrement accidenté sur la partie qui avoisine les murs du palais. La partie basse,
richement gazonnée, est coupée de longues allées de promenades :
elles sont ombragées par des bouquets d'arbres et embellies par
des groupes d'arbrisseaux parsemés de fleurs apparentes. Ainsi
placé dans le sein de la grande ville, il offre un aspect gracieux et
champêtre, et attire l'affluence des promeneurs, qui ont pour lui
une prédilection marquée.

Autrefois les promenades de Moscou étaient quelque peu dénudées; mais depuis quelques années, surtout le long des remparts,
elles se sont embellies par des plantations de Sycomores et de Tilleuls parvenus, pour la plupart, à un beau développement. L'aspect des quartiers reculés de Moscou a quelque chose de particulier
qu'on ne retrouve, en petit, qu'en Angleterre. Les maisons sont
distancées par d'assez longs intervalles occupés par des jardins;
dans d'autres parties, les maisons sont alignées, ainsi que les jardins qui précèdent leur façade.

Culture maraîchère.

La culture maraîchère est pratiquée sur une vaste échelle à
Moscou. Outre les potagers encadrés dans les murs de la ville, on
trouve des jardins très-vastes à la sortie de quelques barrières, et
plus particulièrement entre la route de Volomensk et celle de Vladimir. Une partie de ces marais est arrosée par les eaux d'un petit
ruisseau appelé *Salotoi Bajok.* On trouve des jardins également
très-étendus au delà du faubourg de la Poste, sur les bords de la
Moskowa.

Le procédé de culture en plein air, étant de tout point semblable
à celui que j'ai décrit pour les jardins de Saint-Pétersbourg, je ne
ferai que signaler le moyen qu'on emploie pour obtenir des Artichauts. Comme le froid est aussi intense en hiver à Moscou qu'à
Saint-Pétersbourg, et que les couvertures que l'on pourrait employer seraient insuffisantes, les maraîchers des deux capitales
cultivent ces légumes annuellement; ainsi donc, chaque année,
les plants sont renouvelés par la voie du semis. Voici le mode de
culture employé par eux pour les Artichauts qu'ils veulent avoir
en première saison : ils sèment les graines au mois d'octobre dans

des pots ; ils conservent le jeune plant tout l'hiver sous châssis, et, aussitôt que la belle saison commence , ils font la plantation sur des bandes de terre bombées à 1ᵐ,25 ou 1ᵐ,40 de distance. Entre chaque rang, ils plantent une ligne de Choux d'automne. Les Artichauts semés à cette époque donnent les premiers, et ceux qu'ils sèment en pleine terre au printemps les suivent. Il est vraiment curieux de voir que des graines semées en mai produisent, en trois mois, des touffes qui se chargent de fruits encore assez bien constitués; cependant il ne nous a pas été donné de rencontrer, sur les vastes champs d'Artichauts que nous avons visités, d'aussi gros fruits que ceux que produisent nos cultures. La variété qu'ils préfèrent est celle à fruits violets, en raison, disent-ils, de sa précocité. Les beaux Artichauts, tels que le climat permet de les obtenir, sont vendus à 100 pour 100 plus cher qu'à Paris.

Il arrive assez souvent qu'une partie des Artichauts du second semis ne font que marquer fruit ; alors les maraîchers russes emploient un moyen qui nous a paru suffisant. Ce moyen est, du reste, employé pour toutes les espèces de légumes, tels que Choux, Choux-fleurs, Choux de Bruxelles, Epinards, Oseille, Céleri, Poireau , Chicorée, Scarole, Persil, qui doivent forcément quitter le sol avant que les froids spontanés et rigoureux ne les aient saisis ou couverts de neige (1).

Voici le moyen employé par les maraîchers : ils labourent une bande de terre dont la surface est proportionnée à la quantité de légumes à rentrer. Dans le milieu, ils plantent une ligne de pieux de 6 à 7 pieds de hauteur ; ils appuient, de chaque côté, des traverses sur toute la longueur pour pouvoir supporter les planches dont ils se servent pour couvrir. Ces planches sont tapissées de paillassons en écorce de Tilleul, et ils recouvrent le tout d'une couche de terre de 1 mètre d'épaisseur. Du côté du soleil, dont la présence sur l'horizon est de très-courte durée à cette époque, ils laissent , de distance en distance, l'ouverture d'un châssis pour laisser pénétrer un peu d'air et de lumière lorsque le soleil paraît.

Au milieu de la serre il y a un sentier. Les légumes sont jaugés de chaque côté. Cette serre , où l'humidité ne pénètre que difficilement, permet aux maraîchers de faire terminer le développement de leurs produits et d'en prolonger la vente plusieurs mois, suivant les besoins de la consommation. Lorsque arrive la saison

---

(1) L'année dernière, les légumes ont été gelés sur pied le 5 octobre.

où la pleine terre ne donne plus, les légumes doublent de prix.

Les marchands de légumes de Moscou et de Pétersbourg, qui vendent en boutique, ont de très-grandes caves peu profondes, aérées ; et, lorsque vient ce moment, ils achètent le restant des légumes des maraîchers nomades, soit de Yeroslaw ou de Rostoff, qui font la culture maraîchère pendant la belle saison, et qui rentrent chez eux aussitôt que le sol est couvert de neige.

Marché aux légumes de Moscou.

Il y a plusieurs marchés aux légumes ; le plus grand et le plus riche, qui est approvisionné chaque jour, est situé presque dans le milieu de la ville, en face le grand théâtre. Pour ce qui regarde les légumes seulement, il est alimenté par les produits de la culture locale. En septembre, époque à laquelle les produits de la culture maraîchère abondent, nous le visitions chaque jour, et nous pouvons assurer que les végétaux alimentaires que l'on porte sont plus riches et mieux assortis qu'au marché de Saint-Pétersbourg, quoique ce dernier soit lui-même alimenté, d'abord par les produits du pays et par ceux que l'on reçoit d'Allemagne et de France. Chaque matin, le marché de Moscou est encombré de produits de la grosse et de la petite culture maraîchère ; le lundi est le jour de la semaine où les légumes abondent le plus . les cultivateurs apportent, suivant une ancienne coutume, tout ce qu'ils ont de plus beau.

Là , comme à Pétersbourg , les Choux font, à l'arrière-saison, l'objet d'un commerce très-important. Un peu avant les gelées , chaque ménage fait sa provision, que l'on fait aigrir dans des tonneaux soit en morceaux, soit même en entier. Cette préparation simple et peu coûteuse permet de prolonger de plusieurs mois l'emploi de ce légume, qui prend un goût prononcé d'acidité ; le peuple russe l'apprécie beaucoup. Le Chou, ainsi préparé, est employé à toute sauce ; on en fait même des tourtes en mélange avec des Carottes coupées en très-petits morceaux. Il est vraiment curieux de voir le moment où la récolte des Choux arrive, en septembre et octobre ; c'est, pour les classes ordinaires, une espèce de vendange. Chacun rentre sa provision ; les cultivateurs les vendent par cent, par ligne ou par planche. Les compagnies de soldats qui n'ont pas de terrain pour produire eux-mêmes la quantité de Choux nécessaire à leur consommation font leurs achats à cette époque

Lorsque la récolte est sur son déclin, on ne voit que charrettes chargées de Choux sillonnant les routes, dans les endroits où ce légume est abondant. C'est le Chou cabus que l'on préfère. On rencontre quelques lots de Choux de Milan vendus sous la dénomination de Choux français.

Le petit Concombre hâtif du pays est un autre légume dont on fait un grand commerce. Ce légume est très-abondant sur le marché; lorsqu'il commence à se produire en mars, il est très-recherché, et se vend de 20 à 25 roubles argent le cent. En automne, époque à laquelle on commence les conserves, il est beaucoup moins cher; on le transporte par charretées, et on le vend soit au cent, soit à la mesure. Les légumes dont il se fait également une grande consommation sont les Navets jaunes de Finlande, ainsi que le Navet violet de Petrosawode, belle race de première précocité, de longue conservation et d'excellent goût. Ces mêmes Navets sont employés, dans certaines localités du Nord, à la fabrication d'une eau-de-vie que l'on m'a dite être très-agréable. Les Carottes sont aussi abondantes; la longue est celle que l'on estime le plus. On ne voit que fort peu de ces belles races de Hollande qui font notre admiration. Les Pommes de terre sont assez abondantes sur les marchés; cependant la consommation en est moindre en Russie qu'en France et en Angleterre. Dans quelques contrées éloignées des grands points de centralisation, la culture de la Pomme de terre a été longtemps à être adoptée; les paysans l'appelaient la Pomme du diable. Les Oignons rouge pâle et les jaune soufre y sont assez abondants. Les Choux rouges et les Choux de Bruxelles y sont chers; ces derniers, dont les petites rosettes sont ordinairement mal pommées, y sont vendus 50 centimes la livre de 12 onces. Les beaux Choux-fleurs, peu communs, sont fort chers. L'Epinard et l'Oseille, qui sont loin de valoir nos produits, sont à des prix assez élevés; les Salsifis et les Scorsonères sont vendus au cent. Le Persil à grosse racine est très-abondant sur le marché et vendu par grosse botte; il s'en consomme beaucoup soit en soupe, soit en plats : le grand débit que l'on en a fait a contribué singulièrement à la perfection de sa culture. Il n'est pas rare de trouver des Carottes de Flandre. Les Choux frisés, le Poireau et l'Oignon non tourné sont aussi vendus par bottes. Ce dernier légume d'assaisonnement y fait l'objet d'un grand commerce. Pendant l'été, l'ouvrier russe, qui le mange avec du sel, en fait son régal. Le Céleri-Rave est rare sur le marché; par contre, le grand, à côtes rouges, est abondant et vendu assez cher. La Betterave rouge, précoce variété, qui m'a paru très-fine, s'y vend presque toute l'année; les maraîchers la cultivent de primeur comme les Carottes. Les Chicorées frisées, les Scaroles, les Romaines, les Laitues commencent à devenir plus abondantes, et ceux des maraîchers qui savent en produire de pareilles aux nôtres y trouvent un large bénéfice. Les Artichauts sont très-abondants en automne, ce qui n'empêche pas qu'ils se vendent à un prix raisonnable. Les Haricots verts y sont aussi abondants, et se vendent, en pleine saison. de 30 à 40 centimes la livre, bien que le gouvernement de Vladimir en produise beaucoup. Les Haricots Soissons et flageolets, envoyés en France, y sont très-estimés et vendus fort cher : les maraîchers en cultivent beaucoup de primeur ; ils en expédient à Pétersbourg . en février et mars, au prix de 60 à 70 fr. la livre.

Les Pois en cosses sont également abondants : on les vend à la livre ; mais le mode de vente le plus répandu pour ce légume est celui-ci. Depuis le commencement jusqu'à la fin de la saison, les cultivateurs en transportent des charretées de tiges ; à leur arrivée sur le marché, ils en font des poignées de huit à dix tiges : leur prix est de 1 kopeck (4 centimes). Pendant toute la saison, on rencontre, à chaque instant, des hommes ou femmes appartenant aux classes ouvrières, qui les consomment avec plaisir.

Les Champignons des champs sont abondants ; mais ceux de couche sont peu communs et mal venus. En général, les plantes d'assaisonnement y sont très-abondantes. Les Potirons et les Courges sont peu prisés dans ce pays ; aussi on en rencontre fort peu sur les marchés. Nous avons assisté à la vente d'une charretée que l'on donnait à raison de 15 à 20 centimes pièce.

Les cultivateurs de Moscou ou des alentours transportent leurs légumes sur des chars plats ; ils font eux-mêmes le détail de leurs marchandises jusqu'à l'heure fixée : cette vente précède celle des petites boutiques qui entourent le marché et qui vendent toute la journée. Enfin, pour nous résumer, disons que, bien que nous ayons trouvé sur les marchés de Moscou une abondance de produits qui indique certain degré de perfectionnement dans la culture maraîchère, néanmoins les prix sont de 10 à 15 pour 100 plus élevés qu'à Paris ; mais ils sont inférieurs à ceux de Pétersbourg, où nous avons acheté 40 francs, l'année dernière (il est vrai, pendant les gelées), 15 kilog. d'Epinards.

Primeurs.

Les serres en plein air, les caves et les grands froids permettent aux maraîchers de Moscou de conserver une quantité de gros légumes que l'on se dispense de cultiver au printemps ; cette saison est moins utile chez eux que chez nous.

Mais, en revanche, ils vouent leurs soins, d'une manière presque exclusive, à la production des Ananas, des Melons, des Pastèques et des Asperges. Ils obtiennent quelques Fraisiers, des Salades, des Haricots verts, des Pois en grande quantité. Ces produits, que leur art sait arracher à la nature, en éludant l'influence de leur climat, sont vendus à des prix d'autant plus élevés que, pendant ce temps, les végétaux en pleine terre ne donnent pas signe de vie, et que tout dort dans son sein glacé.

Les primeuristes de Moscou cultivent aussi bien et peut-être mieux que ceux de Pétersbourg ; ils emploient, comme ces derniers, des serres en bois pour forcer les arbres fruitiers, et des grandes bâches pour les légumes. Les primeuristes nous ont assuré que les murs en grosses poutres, calfeutrés et planchéiés en dedans, duraient plus de trente ans, concentraient mieux la chaleur, produisaient peu ou point d'humidité intérieurement ; d'où résultait une économie de chauffage. La consommation des primeurs est plus grande à Pétersbourg qu'à Moscou, et cependant cette dernière ville en produit beaucoup plus que la première ; aussi les cultivateurs de la vieille capitale envoient-ils une quantité de fruits et de légumes forcés à Pétersbourg, et particulièrement des Melons, des Pastèques, des Ananas, des Asperges, des Raisins, des Pêches, des Prunes.

Marché aux fruits.

Il ne nous a jamais été donné de voir dans nos pérégrinations horticoles un marché aux fruits aussi encombré de Pommes que celui de Moscou. Ce marché, d'une grande étendue, est exclusivement alimenté par les produits récoltés dans l'empire ; la Crimée, la Petite-Russie, le gouvernement de Kief, ainsi que d'autres gou-

NOTÉ

SUR

LE MARCHÉ AUX FLEURS ET AUX ARBRES DE MOSCOU;

PAR M. MASSON.

Ce marché se tenait anciennement le long du mur de la ville chinoise en face du jardin d'Alexandre. Aujourd'hui que cette branche d'industrie s'accroît de jour en jour, le premier emplacement s'est trouvé insuffisant, et la ville a disposé, en sa faveur, d'une grande surface tenue en jardin presque dans le centre de Moscou. Ce marché est très-bien situé, et la distribution de la pièce de terre affectée à cet usage est digne, en tout point, de fixer l'attention. On s'est beaucoup occupé, dans ces derniers temps, de l'utilité d'avoir sur un seul point un marché aux fleurs permanent et couvert. Celui dont nous parlons l'est pour tous les végétaux d'ornement, d'utilité ou d'agrément destinés aux serres et aux jardins. Cet emplacement est divisé en trois bandes de terre longitudinales ; celle du milieu, formant avenue de promenade, est ombragée par deux lignes d'arbres qui protégent les acheteurs et les marchands de produits horticoles. Rien de plus curieux que l'aspect de ce vaste champ où se fait en permanence un très-grand commerce de végétaux propres à la garniture des serres fruitières, des jardins d'agrément et des appartements. Les gros marchands n'ont pas la peine, comme ceux de nos marchés, de remporter chez eux les produits non vendus ; chacun d'eux a une serre sur le marché même, et, à mesure que les plantes destinées à la vente fleurissent dans leur établissement particulier, elles sont immédiatement transportées dans les serres-pavillons du marché. Ces serres sont construites sur deux lignes, de sorte qu'il est facile d'avoir une idée de la richesse comparative des vendeurs. Au coup d'œil, l'acheteur peut donc faire son choix. Autour de chaque serre, il y a un petit terrain où sont placés les plantes vivaces, les arbres et arbustes d'ornement, ainsi que les arbres fruitiers. Les plantes vivaces sont plantées dans de grands paniers plats d'où il est facile de les retirer en motte. Les arbustes qui croissent en plein air, tels que Lilas, Sureau du Canada, Sorbier, Cornouiller, Framboisier du Canada,

Groseillier, Rosiers des quatre saisons en grand nombre, Chamœcerasus, Boule-de-neige, Spiréa, Caragana, Buis, Lierre, Vigne vierge, Laurier, etc., sont plantés par espèces groupées par douzaines dans des paniers d'osier. Les grands arbres d'ornement, tels que Peuplier, Erable, Bouleau, Chêne, Frêne, Tilleul, Marronnier, Sorbier, Epine, Pin, Sapin, Mélèze, Orme à grandes feuilles, sont également plantés séparément dans des paniers d'osier. Quant aux arbres fruitiers, Pommier, Poirier, Cerisier, Prunier, Pêcher et Abricotier, les petits sont plantés en pots et les plus grands en bac rond. Quoique les Pommiers puissent venir en plein air, sous le climat de Moscou, nous en avons remarqué, en très-grand nombre, greffés sur hautes tiges, très-forts et de belle venue.

Nous avons aussi remarqué quantité de Quenouilles, Poiriers en pots, mais taillés à toute perte. On voit également beaucoup de Pêchers, Cerisiers et Abricotiers que les jardiniers ont la prétention d'avoir formés en éventail. Leurs racines sont emprisonnées dans des caisses ou paniers.

La difficulté avec laquelle on obtient ces végétaux fait concevoir qu'ils sont à un prix beaucoup plus élevé qu'en France. Une étiquette indique, d'ailleurs, le prix de chaque sujet. Ce moyen a l'avantage de permettre aux amateurs de planter soit une serre fruitière, soit un jardin d'agrément à toute époque de l'année, et d'avoir même des arbres fruitiers sur une terrasse et devant une fenêtre. Cependant, les plantations se faisant le plus ordinairement en septembre, octobre et mai, les pépiniéristes des environs de Moscou portent une quantité d'arbres et arbustes à racines nues ; ils ont une place réservée pour la vente de leurs végétaux qu'ils mettent aussitôt en jauge, et qu'ils arrachent à mesure qu'ils les vendent.

A Saint-Pétersbourg, cela se pratique de la même manière. Les pépiniéristes ont, dans une partie de la ville, une place où chaque marchand a le droit de mener plusieurs tombereaux de terre pour jauger les arbres qu'il livre à la vente. Lorsque le marché est en vigueur (en septembre et en octobre), l'on croirait se trouver au milieu d'une petite pépinière. Chaque marchand est tenu de jauger ses arbres. Il serait à désirer que l'on employât cette mesure sur les marchés de Paris, où les racines déjà mutilées restent exposées plusieurs semaines à l'action de l'air. Les jardiniers russes emploient un moyen qui est infaillible pour la transplantation des gros arbres fruitiers que l'on veut changer de serres. Avant les grandes gelées, ils font un fossé autour des arbres que l'on veut arracher. Aussitôt que la masse terreuse est entièrement gelée, ils enlèvent l'arbre avec toute sa terre, et des racines, et ils le portent sur une voiture dans les trous préparés à l'avance.

En parlant du marché aux fleurs nous avons oublié de mentionner la vente des bouquets, qui se fait à un prix très-élevé : les femmes de la campagne en vendent aussi dans les divers marchés aux légumes ; mais ceux-ci sont composés de fleurs des champs et vendus à bon compte aux ouvriers.

Pépinières fruitières.

Les principales pépinières d'arbres fruitiers sont en partie situées hors barrières. Nous en avons visité quelques-unes qui ont fixé notre attention par la quantité de jeunes arbres fruitiers cultivés en pots ou en caisses. On les rentre, l'hiver, dans des orangeries. Nous en avons vu de tout âge. Les jeunes sujets sauvageons sont élevés et greffés en pots, ce qui fait que leur vente est permanente, cette culture permettant de les transporter à toute époque de l'année, comme on le fait ici pour les plantes de serre. Les arbres ainsi élevés ne reçoivent aucune forme rationnelle. Ceux que l'on façonne en buisson donnent promptement des fruits, à cause de la quantité inutile de rameaux, qui épuise rapidement la vigueur normale de la sève. Toutefois, lors de notre visite en septembre, nous avons été étonné de voir un grand nombre de ces jeunes arbres chargés de fruits, il est vrai moins gros que ceux de nos pyramides et espaliers, mais pourtant d'un bon goût. Les espèces de fruits nouveaux sont encore peu connues. On cultive de préférence les variétés précoces, à cause du retard de la saison, qui ne permet pas toujours aux fruits d'hiver d'arriver à bonne maturité.

Quant aux Pêchers et aux Abricotiers qui se cultivent en espaliers dans les serres, nous en avons vu une quantité, chez les pépiniéristes, qui avaient déjà reçu en pots un commencement de forme éventail ; mais l'absence des principes de la taille fait qu'on avait laissé chaque branche sans direction déterminée : un peu d'art eût donné de plus beaux et de meilleurs résultats.

Jardin de la couronne.

Ce jardin est public tous les jours ; il est situé à une petite distance de Moscou. Sa création date de 1850. Etabli sur une grande échelle, son parc est tracé dans le style anglais sur une vaste étendue ; les allées de promenades, ombragées, pour la plupart, d'essences ligneuses de l'espèce dure, sont larges, bien dessinées et d'une belle longueur. L'avenue qui conduit au palais est très-large. Deux lignes de Tilleuls plantés de chaque côté en font le principal ornement. On découvre, de la superbe grille en fer qui fait face au château, un splendide tapis de gazon qui se dessine au loin devant la principale façade de cet édifice. Le fond vert de la pelouse est émaillé par un mélange de Caryophyllées à fleurs pourpres, produisant un effet naturel que je n'ai rencontré nulle part. Cette espèce d'OEillet m'a paru fort en harmonie avec les Graminées qui entrent dans la composition des pelouses sous cette rude température.

Les serres et jardins fleuristes de cette belle terre de Plaisance sont vastes et prouvent que là, comme dans tous les autres jardins appartenant à la couronne, tout a été fait avec art et dans le style moderne. Les serres chaudes, froides, tempérées, et les orangeries, sont d'une grande étendue. Parmi les nombreux végétaux de l'orangerie, nous avons remarqué, comme chose surprenante, d'aussi beaux exemplaires d'Orangers que dans les plus fortes espèces de nos serres : des *Laurus nobilis* de près de 10 mètres de haut, dont la couronne mesurait 4 à 5 mètres de diamètre ; un *Magnolia grandiflora* dont la tige avait 1 mètre de tour à sa base. Cette serre contenait encore de très-forts sujets d'*Araucaria*, et d'énormes buis en boule comme les Orangers.

Dans une seconde serre se trouvait la collection d'Orangers de moyenne taille chargés de fruits et de fleurs. Ces arbres sont assez nombreux et bien portants. Chaque année, il se fait une belle récolte exclusivement employée à la fabrication d'une liqueur appelée eau-de-vie d'Orange.

Les serres chaudes sont grandes et bien garnies de végétaux de haute région. Nous avons plus particulièrement remarqué 5 à 6 *Aletris* de 8 à 10 mètres ; plusieurs *Dracœna terminalis*, plante très-employée, pendant l'hiver, pour la décoration des salons, mesurant plus de 2 mètres d'élévation.

La plus longue des serres est la serre tempérée, qui a 140 mètres de longueur. Les collections de *Camellia*, d'*Azalea*, *Rhododendrum* qu'elle renferme nous ont paru assez complètes. Les *Camellia* de moyenne taille sont nombreux, bien formés et de belle venue ; ce qui prouve que M. Paeltz, le jardinier en chef, entend parfaitement la culture de cette plante.

La serre froide, ou serre aux arbres fruitiers, était dégarnie. Les deux cents arbres fruitiers qu'elle contient mûrissaient leurs fruits en plein air. Une autre grande serre basse renfermait une elle collection de *Dahlia* plantés en pleines fleurs et groupés avec symétrie.

Le jardinier nous a fait remarquer deux sortes de Lilas venant de Chine, qui seraient, selon lui, l'un à fleur bleu de ciel, l'autre à fleur rouge.

Jardin de la Société impériale d'horticulture de Moscou.

Le gouvernement, toujours empressé d'encourager et d'améliorer l'agriculture et l'horticulture, a concédé à l'honorable Société impériale d'horticulture une des campagnes de la cour. Cette ancienne résidence, située dans le voisinage de l'observatoire, près des trois montagnes, est connue sous le nom de jardin Zagrewsky. Le parc et le bosquet de cette terre sont très-simplement tracés; la partie boisée est coupée par de très-beaux cours d'eau bordés de vieux arbres aquatiques à branches pendantes. Les massifs, traversés par des allées droites comme nos anciens jardins français, sont boisés d'essences ordinaires, telles que d'énormes Lilas, des Saules, des Aunes, des Erables, des Tilleuls, des Bouleaux, des Pins et Sapins. Tous les principaux points de vue sont ornés de statues en marbre sur colonne, et les abords de la principale vue qui s'étend de la route au devant de l'ancienne habitation actuellement occupée par M. Iaussen, jardinier en chef de la Société, sont suivis de deux cours d'eau.

Les jardins, serres et pépinières consacrés aux cultures commerciales et aux expériences horticoles tentées par la Société sont d'une assez grande étendue; les collections de plantes vivaces et annuelles que nous avons vues en pleine végétation étaient assez bien assorties, ainsi que la collection de *Dahlia*. Tous les arbres fruitiers cultivés en pots, excepté le Pommier, le Groseillier et le Framboisier, occupaient un carré que l'on dirait un de nos carrés de pépinières, si l'on ne savait que tous les sujets sont dans des pots enterrés.

Les serres, proportionnées au degré de commerce de cet établissement, contiennent d'assez beaux genres de plantes de vente. La belle collection de *Camellia* du prince Gagarine, président de la Société d'agriculture, est assez remarquable par le nombre d'espèces. La Société venait de recevoir de M. Lemichez les plantes les plus méritantes en ce genre, ainsi qu'une grande collection de Fougères venant de Hambourg.

La serre chaude en contenait déjà quelques grands exemplaires.

Les Pendanus y sont aussi de grande taille , ainsi que quelques Musacées d'une force peu commune.

Les serres tempérées, garnies de plantes de commerce, renfermaient quelques grands pieds de Pivoines en arbres dont une présentait un buisson de 7 pieds de hauteur.

La culture des légumes et des plantes économiques y est trop restreinte. Il est regrettable que la Société n'ait pas compris que ce genre d'étude est de la première importance, parce qu'elle se rattache à l'alimentation d'une grande ville où la production maraîchère en bonnes espèces laisse encore beaucoup à désirer. Mais, par compensation, la Société introduit, chaque année, un bon nombre de nouvelles plantes qu'elle livre au commerce pour venir en aide à la subvention de 15,000 fr. allouée pour l'entretien du jardin.

Jardin botanique de Moscou.

Le jardin botanique de Moscou, situé sur la partie la plus aérée de la ville, est d'une assez grande étendue. Consacré spécialement à l'étude de la botanique, ce jardin possède une école de plantes qui m'a paru peu complète. Le carré de réserve, où se fait l'étude des plantes nouvellement introduites, ne m'a rien montré de nouveau.

La seconde partie du jardin, plantée comme jardin d'agrément, est ornée de quelques spécimens de vieux arbres qui montrent que ce jardin remonte à une époque reculée. Parmi ces arbres figurent quelques beaux exemplaires de Conifères, ainsi que de très-beaux *Cratægus purpureus* et autres espèces, couverts de bouquets de fruits que leur couleur rouge écarlate fait découvrir de loin.

Ce jardin sert également de promenade; le public y est admis tous les jours.

Les serres qui se trouvent à l'entrée sont construites sur une seule ligne et renferment plus particulièrement les plantes utiles à l'étude de la botanique, ainsi que quelques plantes d'introduction nouvelle.

La direction de ce jardin est confiée à M. Fischer, professeur de botanique, et à M. Finthelmann, qui en est le jardinier en chef.

(Extrait des *Annales de la Société impériale d'horticulture de Paris,* 1853.)

PARIS. — IMPRIMERIE DE M⁰ˢ Vᵉ BOUCHARD-HUZARD, RUE DE L'ÉPERON, 5.